道的

不可思議現象大集合

不可思議現象研究會 編
吉竹伸介 繪

前言

當我們看著同樣的一個字，有時候會覺得奇怪：「咦，這個字是長這樣嗎？」而在完成抄寫生字的作業時，有時候又會覺得每個部件好像分開了……不知道大家有沒有經歷過這樣不可思議的現象呢？或許有些人體驗過這種現象，卻不知道該如何稱呼它；相信有更多人不知道，這些現象其實都有特定的名稱（剛剛說的這種現象的名稱，出現在本書第二十二頁）。

在日常生活中，有許多經常發生的現象，但

我們可能不知道該如何稱呼它。而且不管大人、小孩都有這樣的經驗：「啊！又來了！」

本書將介紹許多不可思議的現象，可能會發生在學校、可能會發生在家裡……相信大家多多少少都經歷過哦。

這些不可思議的現象以及它的名稱，可能連大人都不知道。現在就請各位小朋友來看看，將它們的名稱記起來和其他小朋友或大人分享。如果你發現一些不可思議的現象，但這本書裡沒有介紹的話，也可以試著自己查查它的名稱哦。

目錄

第1章

學校、讀書相關的不可思議現象

大人也不知道的不可思議現象

1

別人越說：「不可以看哦！」我就越想看

為什麼呢？

這稱為——

卡里古拉效應

人們總是希望「自己的事情自己決定」，這是一種本能。當其他人禁止我們做某些事情時，我們就會特別想要去做。這種被禁止反而更想去做的現象稱為「卡里古拉效應」。很久以前有部電影叫做《羅馬帝國豔情史》，描述羅馬暴君卡里古拉的故事，由於內容過於刺激，在一些地方被禁播，結果這部作品卻因此大受歡迎，這種現象就被稱為「卡里古拉效應」。日本的相聲故事《饅頭好可怕》，主角告訴討厭他的人：「我最怕饅頭了！你千萬不要讓我看到饅頭！」其實只是為了騙吃騙喝，是一樣的原理。

延伸知識

日本諧星說相聲時有個默契，當一個人說：「你不要～」其實是在說：「你快點～」這也是運用了「卡里古拉效應」。

大人也不知道的不可思議現象

2

因為早起，爸爸給我零用錢獎勵我，但我之後就不想早起了

為什麼呢？

這稱為——

過度辯證效應

原本想發憤圖強，卻因為其他人鼓勵，反而變得意興闌珊的現象稱為「過度辯證效應」，也稱為「破壞效應」。以金錢或禮物做為獎勵，比較容易出現這種現象；以感謝、稱讚等正面話語做為獎勵，則不太會出現。所以家長如果想要鼓勵小孩，或許多多用話語肯定小孩更好。

延伸知識

相對於「過度辯證效應」，感謝、期待等正面話語可以讓人更有動力──這稱為「增強效應」。

大人也不知道的不可思議現象

3

平常會寫的字，考試時突然想不起來

為什麼呢？

這稱為——

舌尖現象

「原本記得但一時想不起來」的現象稱為「舌尖現象」，起源為英文「TOT」（tip of the tongue，舌尖），意思是「話語已經到了舌尖」。人們還不確定這種現象的起因，有一種說法是——知道越多詞彙的人，有時候在腦海中搜尋詞彙的時間越長，甚至會搜尋失敗，因此這種現象更常出現在大人身上。如果你在考試時，一直想不起來某個字怎麼寫，或許是因為你已經記得很多字囉！

延伸知識

除了英文，日文中也有「已經到喉嚨了」這樣的說法，和「舌尖現象」是相同的意思。

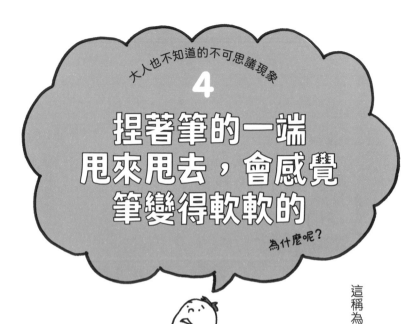

大人也不知道的不可思議現象

4

捏著筆的一端甩來甩去，會感覺筆變得軟軟的

為什麼呢？

這稱為——

橡膠筆錯覺

讀書時，當我們握著筆的一端甩來甩去，會覺得筆變得軟軟的。這稱為「橡膠筆錯覺」。這是由於筆在距離手較遠的地方甩動，以至於對速度的感覺產生差異，導致眼睛出現錯覺，而不是筆真的變得軟軟的。甩動的速度越慢，越容易發生這種現象。但在課堂上如果一直甩筆，老師可能會生氣，建議大家在家裡實驗就好。

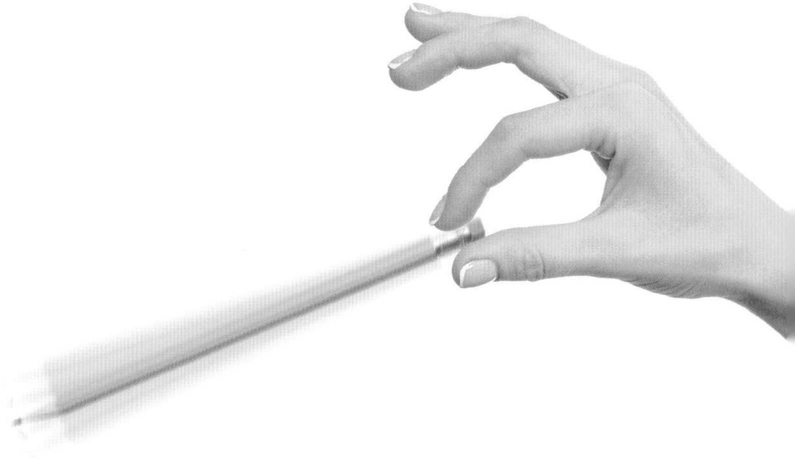

延伸知識

我們在日常生活中可以觀察眼睛的錯覺，比如說在道路上寫著「40」或「50」的速限標示，靠近看會覺得形狀有點奇怪，但從車子裡看就會覺得很正常。

大人也不知道的不可思議現象

5

原本鬧哄哄的教室瞬間變得很安靜

為什麼呢？

這稱為——

天使經過

一群人開心聊天時，可能會有一瞬間大家都突然變得很安靜。這種現象在法文裡稱為「天使經過」。據說這原本是法文中的一句俚語，流傳於由法國修女經營的寄宿女子學校——但此傳言是否屬實，我們目前無法確定。這種現象之所以發生，我們只能說是「偶然」，而或許只有天使才知道真正的答案。

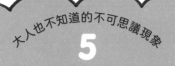

延伸知識

在日本，許多人將這句話改成「妖精經過」、「神明經過」、「魔女經過」、「佛祖經過」、「鬼怪經過」等不同的表達方式。

大人也不知道的不可思議現象

6

運動會一結束，我就突然什麼事都不想做了

為什麼呢？

這稱為——

燃燒殆盡症候群

運動會後由於精疲力盡，我們的專注力和動能會降低許多——這是「燃燒殆盡症候群」的特徵之一，尤其是認真練習、堅持不懈、完美主義或有責任感的人，特別容易出現「燃燒殆盡症候群」。出現這種現象，是我們的心靈和身體在發出求救訊號：「我累了！讓我休息一下吧！」大家可以試著泡泡澡、睡飽飽，好好消除疲勞。

延伸知識

為了避免燃燒殆盡症候群，我們可以設定新的目標，或是透過一些小事好好的肯定自己：「我平常就那麼努力，真的好棒！」

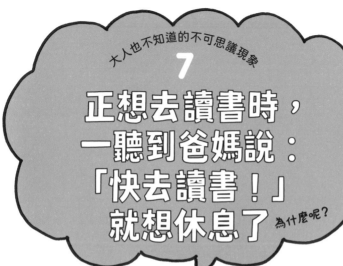

大人也不知道的不可思議現象

7

正想去讀書時，一聽到爸媽說：「快去讀書！」就想休息了

為什麼呢？

這稱為——

迴力鏢效應

當我們正覺得「玩得差不多了，應該要來讀書了」，如果此時聽到爸媽說：「快去讀書！」就會覺得「吼～還是算了～～～」相信大家都有這樣的經驗吧！這在心理學裡稱為「迴力鏢效應」。當身邊的人的想法與自己的想法一致時，反而會想唱反調。為了解決這個問題，我們最好在爸媽催促前，搶先一步去讀書。

延伸知識

我們之所以會這麼想，起因於兩者立場不同。也就是說，我們想要強調「我去讀書是因為自動自發，才不是因為爸媽催促！」

大人也不知道的不可思議現象

8

一直寫相同的字，會越寫越覺得「哪裡怪怪的……」

為什麼呢？

這稱為——

字形飽和

當我們練習生字，比如說一直寫「今」，就會開始懷疑自己寫的「今」好像哪裡怪怪的……而變得有點不安。這種現象稱為「字形飽和」，因為當我們一直看著相同的字，大腦會漸漸無法分辨這個字的形狀。這種現象不只出現在文字，看其他的圖案、標示時也會出現。不過這是暫時的，請大家放心。

延伸知識

當我們在書寫文字時，經常會出現這種現象，據說在日文裡，平假名的「を」和「み」特別容易發生。順帶一提，「字形飽和」一詞的由來是德文。

大人也不知道的不可思議現象

9

當有其他人參觀時，平常不太發言的同學卻一直舉手

為什麼呢？

這稱為——

觀察者效應

「由於受到矚目而產生動力與動機」的現象稱為「觀察者效應」，比如說在運動會上聽到大家的加油聲，選手不只會覺得很高興，表現也會比較好。所以大家參加運動會時，一定要用力的為自己的班級加油，選手的表現就會比平常更好喔！如果你是選手，相信也會因為聽到大家的加油聲，而變得更努力。

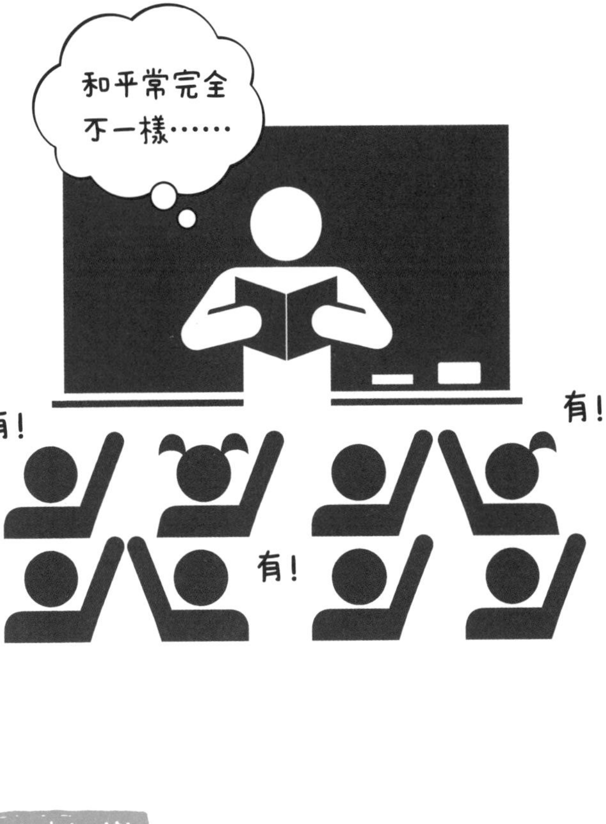

延伸知識

早自習時，如果老師在教室裡，大家會比較認真；如果老師不在教室裡，大家就會變得比較散漫。這也是一種「觀察者效應」喔！大家會根據「老師在不在教室裡」而採取不同的行動。

大人也不知道的不可思議現象

10

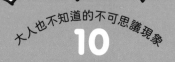

當老師對我說：「你一定會進步！」成績就真的變好了

為什麼呢？

這稱為——

畢馬龍效應

心理學家羅森塔爾（Robert Rosenthal）曾在一間小學進行一項實驗，證明「如果老師打從心底期待某些學生的表現，這些學生的成績就會進步」。這種現象稱為「畢馬龍效應」，由來是希臘神話中有一位名為畢馬龍的國王，他為了使美人的雕像變為真人而努力向神明祈禱，最後也如願以償……雖然這只是故事，但是其他人的期待一定能讓我們產生想進步的動力！

延伸知識

相對於「畢馬龍效應」，如果老師不抱持期待而一直以負面話語批評某些學生，這些學生的成績就會退步——這稱為「泥人效應」。

大人也不知道的不可思議現象

11

開班會時原本很安靜，同學突然講了一個笑話後氣氛就輕鬆多了

為什麼呢？

這稱為——

心理安全感

開班會時，原本大家都不說話；但只要老師一開始閒聊，大家就會踴躍發言。這在心理學裡稱為「心理安全感」，當現場的氣氛使人們覺得「就算閒聊也不會被罵」，就會比較勇於發言。除了勇於發言，「心理安全感」也會讓人勇於採取行動，因此對讀書也有良好的影響。

延伸知識

「心理安全感」是領導力與管理學教授艾美・艾德蒙森提倡的概念，關鍵在於創造「讓團體成員放心表達自己的意見，而不會害怕受人責難」的狀態。

大人也不知道的不可思議現象 12

每次到了大考前，就會突然很想打掃、整理房間

為什麼呢？

這稱為——

自我設限

不知道大家是否有這樣的經驗？明明爸媽沒有說要打掃房間，而且應該要好好讀書準備考試時，都會特別想打掃房間——這種心理稱為「自我設限」。這樣一來，即使考試成績不盡理想，也可以給自己一個藉口：「至少我有打掃房間。」大家可以想像一下，如果考試一定可以拿一百分，你還會想打掃房間嗎？

我想打掃房間、
想旅行！
我想用我的眼睛，
好好看看這個
世界!!
就是不要好好讀書
準備考試，對吧？

延伸知識

「設限」是指設定範圍、界限。因此「自我設限」是指為自己的行為設定特定範圍、界限，如果最後失敗了，才有藉口可以說。

一起猜猜看①

從名稱猜猜看，這是在說什麼樣的現象呢？

Q1 時滯錯覺

提示

和時鐘有關的現象哦！

Q2 社會性懈怠

提示

大家一起扛神轎時，經常出現這種現象哦！

A 偶爾會覺得秒針好像停下來了

我們在突然抬頭看時鐘時，偶爾會覺得秒針好像停下來了，心想：「咦？一秒鐘有那麼久嗎？」這稱為「時滯錯覺」，起因為大腦在接收新的資訊時會有時間差，而誤以為時間變長了。

A 明明應該同心協力卻有人偷懶

舉辦祭典時，常常有大家一起扛神轎。仔細觀察就會發現，有人很明顯沒有出力！法國農業工程學家馬克斯·林格曼（Maximilien Ringelmann）透過拔河實驗發現，在眾人合作時會有人偷懶，因此這個現象也稱為「林格曼效應」。

第 2 章

人際關係
的
不可思議現象

大人也不知道的不可思議現象

13

討厭一個人，就會忍不住一直看到對方的缺點

為什麼呢？

這稱為——

認知偏誤

人們在思考時會出現「認知偏誤」，「偏誤」是指集中收集特定資訊導致判斷的結果有所偏差、失誤。人們往往只會看見對自己有利的事物，而忽略對自己不利的事物。所以，即使是我們很討厭的人，也不可能完全沒有優點。或許我們可以用比較客觀的角度來觀察，就可以跟對方做朋友。

我先生平常不做家事
已經讓人生氣了，
偶爾做個家事還做得
那麼隨便，更讓人火大。
我懂。

延伸知識

如果你喜歡某位老師，就會覺得老師說的話很有道理；同樣的話換成另一位你討厭的老師來說，你可能就會想要反抗——這也是一種「認知偏誤」。

大人也不知道的不可思議現象

14

發生討厭的事，只要跟朋友聊一聊，心情就會比較輕鬆

為什麼呢？

這稱為——

宣洩效應

發生討厭的事，你會覺得「和別人說也沒有用」嗎？其實只要跟朋友聊一聊，心情就會比較輕鬆。這稱為「宣洩效應」，「宣洩」一詞在希臘文中，有「淨化心靈」的意思。身心科醫師也經常藉由聆聽諮詢者的焦躁與不安，達到「宣洩效應」。

延伸知識

許多研究者指出「遷怒在別人身上，無法達到『宣洩效應』」。因此重點是訴說自己的心情，而不是與別人爭執。

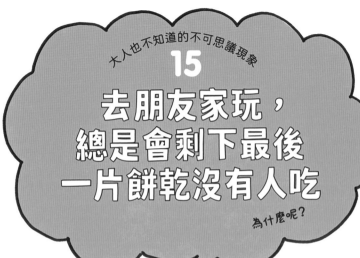

大人也不知道的不可思議現象

15

去朋友家玩，總是會剩下最後一片餅乾沒有人吃

為什麼呢？

這稱為——

「剩食情結」或「顧慮情結」

「盤子裡總是剩下最後一份食物」在日本關西地區稱為「剩食情結」或「顧慮情結」，但從何時開始這麼稱呼則不得而知。關西地區的人認為最後一份食物之所以剩下，是因為大家往往會顧慮彼此、在意他人眼光，像是「如果我把它吃了，大家會怎麼想呢？」不過或許你勇敢的將它吃掉，大家反而會在心裡感謝你哦！

延伸知識

其實日本關東地區也有類似的現象，據說是因為關東地區的人比較愛面子，也不知是真是假。

大人也不知道的不可思議現象

16

原本以為朋友也會喜歡同一個 YouTuber，結果和我想的不一樣

為什麼呢？

這稱為——

錯誤共識效應

「以為自己喜歡的事物，大家一定都會喜歡」的現象，稱為「錯誤共識效應」，特別容易出現在好朋友之間。即使是好朋友，想法也不一定相同。在判斷前先確實向對方確認，或許更可以加深你們之間的友情。

如果時間就這樣停止，
該有多好？
可以只讓你的
時間停止嗎？

延伸知識

相對於「錯誤共識效應」，容易覺得自己是「少數派」、「與眾人不同」的現象，則稱為「錯誤獨特效應」。

大人也不知道的不可思議現象

17

比起從小就認識的朋友，受到新認識的人稱讚會更開心

為什麼呢？

這稱為——

人際酬賞理論

人們受到不熟的人肯定時，會更開心。這種心理現象由社會心理學家阿倫森發現，稱為「人際酬賞理論」。因此如果我們希望和最近認識的人變成好朋友，不妨先努力稱讚對方；同時，即使我們原本不擅長與某個人相處，也可透過這種方式改善彼此的關係。請大家試試看！

延伸知識

如果一開始不知道該如何稱讚對方，不妨先稱讚對方的穿著、物品與家人，也會有不錯的效果。

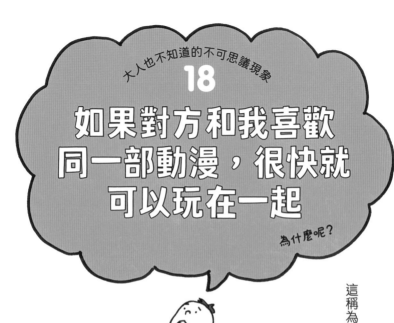

大人也不知道的不可思議現象

18

如果對方和我喜歡同一部動漫，很快就可以玩在一起

為什麼呢？

這稱為——

相似吸引效應

人們往往喜歡與自己觀念相同、興趣相投的人，這在心理學裡稱為「相似吸引效應」。這種現象會因為共通點越多，效果越強。那是因為有人與自己擁有許多的共通點，使我們覺得自己「很好」、「沒問題」。因此如果想擁有更多好朋友，聊天時可以先尋找彼此之間的共通點。

延伸知識

相對的，對自己非常有自信的人，會希望與自己不太一樣的人成為好朋友。 那是因為兩者之間的不同，可以讓這樣的人增強自信。

大人也不知道的不可思議現象

19

即使一開始沒有感覺，如果對方一直表達善意，我也會慢慢喜歡上對方

為什麼呢？

這稱為——

情感互惠

以前沒有什麼感覺的人突然向自己告白，自己也會漸漸喜歡上對方——這稱為「情感互惠」。這種現象不只出現在戀愛關係，朋友之間也是。只要持續向對方表達善意，感情就會變得更好。這是因為人們在接收到善意時，會傾向給予回報。

延伸知識

「情感互惠」與「人際酬賞理論」（42頁）結合的效果最好，也就是說，認識沒多久就向對方告白的效果最好。

大人也不知道的不可思議現象

20

看見平常害怕的老師溫柔的帶著小狗散步，會覺得老師其實沒有那麼恐怖

為什麼呢？

這稱為——

得失效應

平常就很溫柔的人如果溫柔的對待我們，我們可能不會有什麼感覺；但平常感覺很冷酷的人很溫柔的對待我們時，我們卻很容易產生好感——這種現象稱為「得失效應」。簡單說，「得失效應」就是結合了「得」與「失」兩者的效果，尤其是「好」與「壞」兩面落差越大的人，「得失效應」的影響越強。看見平常害怕的老師溫柔的一面，就會立刻對這位老師改觀。

延伸知識

如果因為期待「得失效應」而故意讓對方留下惡劣的第一印象，反而會造成反效果。為什麼這麼說呢？因為如果第一印象不好，對方有可能就不想再跟我們說話了。

一起猜猜看②

從名稱猜猜看，這是在說什麼樣的現象呢？

Q3 皮克林乳液現象

提示

某種飲料加熱時會出現的現象

A 牛奶加熱後，表面會出現一層膜。

牛奶加熱後靜置一段時間，表面的水分就會蒸發，而蛋白質等成分就會凝結成一層膜，這在日本稱為「拉姆斯登現象」。不過如果沒有加熱到攝氏40度，就不會形成一層膜哦。

Q4 眼前一片黑

提示

突然站起來時可能會有這種感覺

A 可以說是引發「暫時性視覺消失」的「頭暈」。

頭暈有幾種類型，「眼前一片黑」的頭暈會如此稱呼。這種頭暈通常起因於大腦暫時血流量不足，比如說原本坐著突然站起時就容易發生。

第 3 章

發生在自己身上的不可思議現象

大人也不知道的不可思議現象

21

只要抱著從小陪伴自己的玩偶，就覺得很安心

為什麼呢？

這稱為──

心理安撫物（小被被）

兩三歲的孩子離乳時會將人偶、毛巾等物品，視為媽媽的替代品放在身邊，讓自己感到安心。這在心理學裡，稱為「心理安撫物」，可以讓人減緩環境變化所帶來的不安。「心理安撫物」可以說是孩子「開始獨立」的象徵，即使到了小學畢業還是沒有辦法捨棄「心理安撫物」也不用擔心，那並不是一種疾病。

延伸知識

美國漫畫《史努比》裡的角色奈勒斯總是拿著一條小被被，因此「心理安撫物」在日本也稱為「奈勒斯的小被被」。

大人也不知道的不可思議現象

22

看星座運勢時，其他星座的運勢好像也可以套用在自己身上

為什麼呢？

這稱為——

巴南效應

在看星座運勢時，人們會覺得模稜兩可的文字敘述似乎是為自己量身打造。這在心理學裡，稱為「巴南效應」。由來是十九世紀的美國馬戲團經紀人巴南（Phineas Taylor Barnum）曾經說過：「我們擁有足以吸引每個人的特質。」下次算命時可以提醒自己：「雖然聽起來很準，但也許只是『巴南效應』。」

你一定很怕寂寞，
而且只要把眼鏡拿下來
就是個美人吧。
沒錯！
你好厲害！

延伸知識

「巴南效應」的實驗是由美國心理學家佛瑞（Bertram R. Forer）進行，因此也稱為「佛瑞效應」。

大人也不知道的不可思議現象

23

一直覺得手機好像在震動，覺得有人打電話給我

為什麼呢？

這稱為——

幽靈震動症候群

這個讓人有些不好意思的現象，有一個很帥氣的名稱——「幽靈震動症候群」。越是在意手機的人，越容易出現這種現象。如果下次是在人前發生的話，大家不妨試著說明一下：「我可能罹患了『幽靈震動症候群』。」

延伸知識

「幽靈震動症候群」一詞是由加拿大的網站開發工程師史蒂芬・加瑞第（Steven Garrity）提出的。

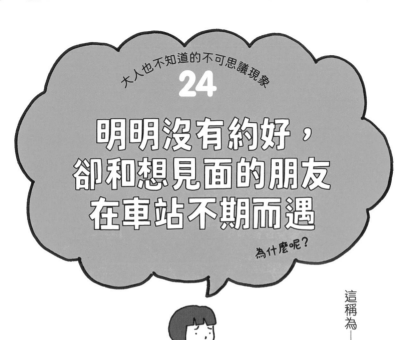

大人也不知道的不可思議現象

24

明明沒有約好，卻和想見面的朋友在車站不期而遇

為什麼呢？

這稱為——

共時性

相信每個人都曾經歷過不可思議的偶遇。「想和某個朋友見面」↓「因為有事要到車站」↓「那個朋友剛好也在車站」——這些看起來毫無關聯的事情同時發生的現象，心理學家榮格（Carl Gustav Jung）稱為「共時性」。如果可以在偶然中發現某些意義，那就是具「共時性」；如果沒有特別的意義，那就是「單純的偶然」。上述例子因為想和某個朋友見面並與朋友偶遇，就可以稱為「共時性」。

你是不是
剛好在期待
我打電話
給你呀？
你真的不要
再打電話給
我了，拜託。

延伸知識

比如說今天想吃咖哩飯，回到家發現媽媽真的煮了咖哩飯。或是兩個人同時為相同的對象，準備了相同的禮物——這些都可以稱為「共時性」。

大人也不知道的不可思議現象

25

除夕徹夜未眠卻一點都不累，反而覺得很有精神

為什麼呢？

這稱為——

自然亢奮狀態

如果在原本已經就寢的時間還醒著，有時候會特別有精神——這種狀態稱為「自然亢奮狀態」，起因為大腦為了讓我們忽略身體的疲勞，分泌大量亢奮物質「多巴胺」和「腎上腺素」。不過一旦過了自然亢奮狀態，身體就會感受到異常的疲倦與睏意，因此還是不要太常熬夜哦……

延伸知識

「自然亢奮狀態」在日本稱為「Natural High」（自然嗨），但這是日本人發明的英文，只能在日本使用。

大人也不知道的不可思議現象

26

觀賞棒球比賽時，總是想幫落後的隊伍加油

為什麼呢？

這稱為——

弱者效應

觀賞運動競賽時，我們會忍不住想幫落後的隊伍加油，而不是幫領先的隊伍加油。這稱為「弱者效應」，尤其是日本人更容易出現這種心理狀態。但如果只是落後，觀眾不會出現這種心理狀態。選手一定要讓觀眾覺得「他們很努力」、「有夠拚命」，觀眾才會想要幫他們加油。

延伸知識

類似現象還有「灰姑娘效應」（美國）、「偏袒判官」（日本）等稱呼。「判官」是源義經的別名，他命運悲慘又受到親哥哥源賴朝欺壓的故事，獲得了許多人的同情。

大人也不知道的不可思議現象

27

常常覺得老師或名人講的話很有道理

為什麼呢？

這稱為——

權威性人格

覺得社會地位比較高的人說的話都是對的——這種特性我們稱為「權威性人格」；具有這項特徵的人也常常攻擊弱勢的一方。更糟糕的是，他們往往不會「自己思考」，而是一味服從社會地位比較高的人。建議大家在面對社會地位比較高的人，平常就要思考：「這個人說的話真的正確嗎？」「按照這個人說的去做，真的沒問題嗎？」

部長！
那個小孩好吵，
我來去好好
教訓他一下。
那是我的小孩。

延伸知識

「權威性人格」是由精神分析學家、社會心理學家弗洛姆（Erich Fromm）提出的概念。

大人也不知道的不可思議現象

28

我們家的貓聞了襪子的味道，露出很扭曲的表情

為什麼呢？

這稱為——

裂唇嗅反應

動物基本上沒有表情，也不會笑。但貓咪等動物有時候會嘴巴張開開，又像在笑、又像在打呵欠，這種現象稱為「裂唇嗅反應」。這些動物具有一種特殊的嗅覺器官——鋤鼻器，用來分辨相同動物分泌的費洛蒙。由於人類的汗水含有與費洛蒙相似的成分，因此貓咪在聞了襪子的味道後才會露出這樣的表情。

延伸知識

人們的鋤鼻器已經退化，因此不會出現「裂唇嗅反應」。這樣一來，我們就不會在其他人面前露出很扭曲的表情，或許這項退化對我們來說也是有好處呢。

大人也不知道的不可思議現象

29

原本想好好整理房間，結果過一段時間又覺得好懶

為什麼呢？

這稱為——

艾米特法則

經營管理顧問麗塔．艾米特（Rita Emmett）主張：「如果拖延應該要做的事，就得花費加倍的時間與精力才能採取行動。」這在日本稱為「艾米特法則」，比如說，在房間稍微需要整理時沒有動手整理，房間就會越來越亂，整理起來花費的時間就會越拉越長。

我寫了一張清單——
「一想到就立刻要做的事」

那我明天再把清單
貼在牆上。

延伸知識

想戒除拖延的壞習慣，不妨告訴大家：「我決定我要＿＿＿。」因為一旦對家人朋友說了就沒有退路，只能硬著頭皮說到做到。

大人也不知道的不可思議現象

30

木造房子的木紋看起來很像人臉，好恐怖

為什麼呢？

這稱為——

「擬像」或「擬仿」

不只是木紋，很多地方都有像「∵」這樣的三個點。只要一直盯著三個點看，就會覺得它看起來很像人臉。這是人類的一種習性，稱為「擬像」或「擬仿」，只要三個點排列成倒三角形，大腦就會判斷這是臉部。許多人說這是因為動物必須在看到對方的臉時，立刻辨別對方是朋友還是敵人，才能提升生存率。

延伸知識

過去曾經流傳「人面魚」的故事——鯉魚的頭部看起來很像人臉——也是相同的現象。很多靈異照片也是因為這樣，而感覺很像出現人臉。

大人也不知道的不可思議現象

31

每次和很久不見的長輩們見面，他們總是說，時間過得好快！

為什麼呢？

這稱為——

堅尼法則

小朋友可能會覺得暑假過得很快，而大人會覺得時間過得更快。這種現象是由法國哲學家保羅・堅尼（Paul Janet）提出，由其姪子心理學家比耶羅・堅尼（Pierre Janet）在著作中寫下：「人們對於時間流逝快慢的感受，會因年紀而成反比。年紀越大，會覺得時間過得越快。」因此這種現象被稱為「堅尼法則」。比如說十歲的一年，是一輩子的十分之一；但五十歲的一年，是一輩子的五十分之一。因此五十歲過了一年，感覺會比十歲過了一年來得快。

到了五歲，
就覺得時間
過得好快哦……
真的不想
變老呢……

延伸知識

就「堅尼法則」來說，100歲的人會覺得20歲前的時間、20歲後的時間，兩者的長度差不多；80歲的人會覺得10歲前的時間、10歲後的時間，兩者的長度差不多——相信計算出這個結果的人一定也很驚訝吧。

大人也不知道的不可思議現象

32

不擅長跑步的姊姊，看到蟑螂時卻逃得比誰都快

為什麼呢？

這稱為——

腎上腺素作用

發生危險狀況時，人們會使出超乎平時的力氣，甚至達到不可思議的程度——這稱為腎上腺素作用（在日本稱為「火災時的神力」）。經過科學實證，人們的身體平時只會用到百分之二十到三十的力氣，因為使出百分之百的力氣會使肌肉損壞。因此，相信你的姊姊為了逃跑，使出了平時沒有用到的力氣喔。

延伸知識

為什麼這在日本稱為「火災時的神力」呢？是因為曾經有人在發生火災時，抱著家裡很重的家具逃出火場。

一起猜猜看③

從名稱猜猜看，這是在說什麼樣的現象呢？

Q5

「光暈效應」或「光環效應」

提示

此處的「光暈」、「光環」是指神明、佛祖背後的神祕光芒。

A 人們會被醒目的特徵吸引，進而影響對於他人的看法。

比如說，有些人雖然講話很刺耳但非常聰明，其他人可能會因為看重「聰明」這項優點，而忽略了「講話很刺耳」這項缺點。

Q6

水煮青蛙

提示

多使用於商業界

A 多使用於商業界。

大人經常會說：「將青蛙放進滾燙的熱水中，青蛙會立刻跳出來；但將青蛙放進溫水中慢慢加熱，青蛙就會被煮熟。」不過事實上，無論是將青蛙放進熱水或溫水裡，青蛙都會立刻跳出來。

第 4 章

日常生活的不可思議現象

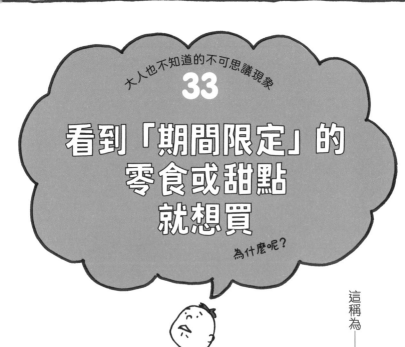

大人也不知道的不可思議現象

33

看到「期間限定」的零食或甜點就想買

為什麼呢？

這稱為——

稀缺效應

這是一種商業技巧，讓人們覺得「只有現在才買得到」進而決定購買。心理學家查爾迪尼（Robert Cialdini）將這稱為「稀缺效應」。「稀缺」是指「數量很少的狀態」。小朋友可能只會買「期間限定」零食等價格比較低的商品，但長大後可能會想買價格昂貴的「期間限定」商品，此時請千萬要冷靜。

我很受歡迎哦，如果你再
不跟我交往就沒機會囉。
請好好把握現在哦！

延伸知識

像是很受歡迎而難以買到的電玩、軟體等，越是知道它很難買就越想要的心理也是一種「稀缺效應」。

大人也不知道的不可思議現象

34

走在沒有運作的電扶梯上，會有一種很奇怪的感覺

為什麼呢？

這稱為——

電扶梯現象

當我們走在沒有運作的電扶梯上，會有一種很奇怪的感覺——這在心理學裡稱為「電扶梯現象」。起因為大腦覺得「電扶梯應該會動，但現在卻靜止不動」。當我們走在機場等地沒有運作的自動步道上，踏出第一步時也會有這種很奇怪的感覺。

大腦其實
很容易受騙。

延伸知識

經過實驗證明，當我們將一般樓梯改裝成「看起來很像電扶梯」時也會出現這種現象。大腦根深蒂固的想法真的很難改變呢。

大人也不知道的不可思議現象

35

看到大家都有某一款電動遊戲，自己也會想要

為什麼呢？

這稱為——

從眾效應

美國經濟學家萊賓斯坦（Harvey Leibenstein）將「越多人擁有的物品會越受歡迎」的現象稱為「從眾效應」。比如說電動玩具，你會不會只是因為班上其他人都在玩，而突然覺得很想要呢？這是因為我們希望透過擁有電動玩具獲得安心感與歸屬感。不過要請大家想一想，我們真的需要這個電動玩具嗎？

延伸知識

與「從眾效應」相反的現象是「弱者效應」（62 頁），而利用這兩種效應影響人們心理，進而改變人們行動的現象稱為「宣示效應」。

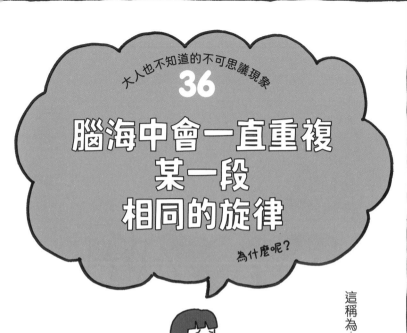

大人也不知道的不可思議現象

36

腦海中會一直重複某一段相同的旋律

為什麼呢？

這稱為——

耳蟲

相信每個人都有這樣的經驗——腦海裡突然出現某一段旋律，而且不斷重複。這稱為「耳蟲」或「認知搔癢」。起因為何仍不清楚，但如果想讓它停下來，在此介紹幾個有效的方法：①嚼口香糖、②聽其他音樂、③專注在其他事物上、④主動去想那段旋律，直到它停下來為止……如何，它停下來了嗎？

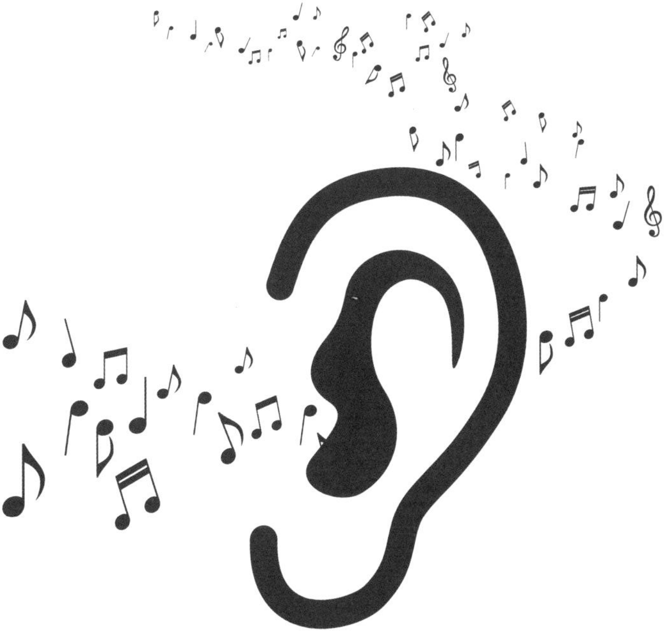

延伸知識

「耳蟲」原本是德文「ohrwurm」，「ohr」是「耳朵」、「wurm」是「蟲」，感覺就是耳朵裡躲了一隻蟲。

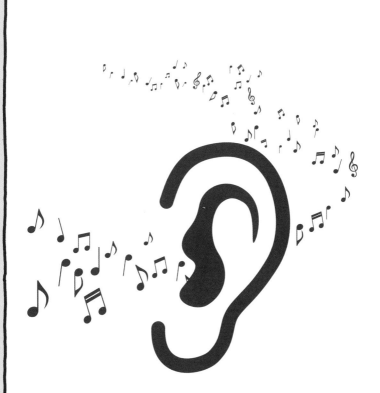

大人也不知道的不可思議現象

37

每次一到書店就很想上廁所

為什麼呢？

這稱為——

青木麻里子現象

一九八五年，日本有一位讀者青木麻里子投稿至《書的雜誌》表示：「每次一到書店，我就很想上廁所。」引起廣大迴響。隔月該雜誌就將此現象命名為「青木麻里子現象」，起因眾說紛云，有人說是因為墨水的味道、有人說是因為選書時會緊張，一直到現在還沒有定論。如果你提出一些現象，說不定這些現象就會用你的名字來命名喔。

「廁所書展」
在這裡哦。
廁所
書展
我需要的不是
這種「廁所」
……

延伸知識

關於「青木麻里子現象」，醫師們的看法也不太一樣。有醫師覺得「這不是一種疾病」、有醫師覺得「這或許是某些疾病的症狀」。

大人也不知道的不可思議現象

38

明明身旁很吵雜，但快和家人走散時，就會聽到爸爸媽媽呼喚我的名字 為什麼呢？

這稱為——

雞尾酒會效應

大家有沒有發生過，「休息時間明明很吵雜，卻能清楚聽見有人在叫自己的名字」這樣的現象呢？心理學家柴瑞（Colin Cherry）將這稱為「雞尾酒會效應」。人們就算沒有認真聽別人說話，但當別人提到自己時，大腦的注意力就會變得集中。這種能力非常好用，但還是要請大家注意，別跟家人走散囉！

剛才誰說「禿頭」！

延伸知識

「雞尾酒會效應」是以提供雞尾酒等酒類飲料的宴會為名，希望未來我們也能參加這種宴會，在宴會上聽別人呼喚我們的名字呢。

大人也不知道的不可思議現象

39

明明已經下船了，還是會頭暈好一陣子

為什麼呢？

這稱為——

上岸症候群

如果搭船一段時間，即使回到陸地上還是會覺得身體在搖晃——這稱為「上岸症候群」。起因為身體已經習慣搖晃的環境，回到不會搖晃的地方時，身體沒有那麼快適應。這不是一種疾病，過一陣子就會消失，請大家放心。不過在這種狀態下容易跌倒，所以請大家慢慢走喔。

延伸知識

明明沒有發生地震卻覺得頭暈──這稱為「地震症候群」。起因是壓力或是大腦記得地震強烈搖晃的感覺，而導致大腦歸納感覺資訊的功能下滑。

大人也不知道的不可思議現象

40 為了避免與迎面而來的人相撞而閃來閃去，反而差點撞在一起

為什麼呢？

這稱為——

連續迴避本能

在學校的走廊上，有沒有曾經因為要和迎面而來的人錯開而側向一邊，卻因為對方也側向同一邊而導致兩個人閃來閃去呢？這稱為人類的「連續迴避本能」。這種現象反而會讓兩個人差點相撞而有點尷尬……此時不要生氣，開玩笑的說：「哎呀呀！」說不定反而可以和對方成為朋友哦。

部長，
那是鏡子……
哎呀呀，我們在搞什麼呀？

延伸知識

發生這種狀況時，其實最好側向一邊後就不要動。但如果對方也知道這一招呢？那不如停下來不要動，讓對方先走吧。

大人也不知道的不可思議現象

41

到了冬天，家裡小狗的鼻子顏色感覺比較淺

為什麼呢？

這稱為——

雪鼻

黃色拉布拉多等毛色比較淺的小狗，冬天時經常出現「雪鼻」——鼻子顏色感覺比較淺。據說這是因為冬季陽光照射時間比較短，導致紫外線不足，加上這種品種的小狗黑色素比較少，才會導致這種現象發生，然而確實的起因不明。到了春天，照射陽光的時間拉長，這種現象就會消失，所以不需要太擔心哦。

延伸知識

「雪鼻」也稱為「冬鼻」。小狗的鼻子原本應該是黑色的，卻變成粉紅色。

大人也不知道的不可思議現象

42

冬天游泳時會冷到牙齒打顫

為什麼呢？

這稱為——

肌震顫

覺得寒冷時，身體會小小的顫抖，牙齒也會打顫。這種大腦無法控制的現象稱為「肌震顫」，相信大家游泳時多多少少都有這種經驗。人體有所謂「最適合的體溫」，可以避免病毒、細菌等在體內增生。因此當體溫下降，肌肉就會小小的顫抖來產生熱能。

延伸知識

在寒冷的冬天上廁所時也會出現「肌震顫」，英文是「shivering」。

大人也不知道的不可思議現象

43

去露營時會看到自枝葉間照進樹林的一道道陽光

為什麼呢？

這稱為——

丁澤爾效應

當光線照射漂浮的粒子（像是霧氣、灰塵等），會因為粒子四散而看起來像是「一道一道的光線」。物理學家丁澤爾（John Tyndall）是第一位研究這種現象的人，所以稱為「丁澤爾現象」。不過即使在同一個地方，可能會因為站立的位置不同而看不到「一道一道的光線」。

延伸知識

太陽躲在雲朵後面，而光線自雲朵之間照射大地時形成的柱狀，其實也是一種「丁澤爾現象」，這在日本稱為「天使的階梯」。

大人也不知道的不可思議現象

44

原本想買卡牌，但因為種類實在太多，結果一張也沒買

為什麼呢？

這稱為——

「選項超載」或「選擇困難」

在某項實驗裡，我們分別讓受試者試吃二十四種果醬和試吃六種果醬，並比較兩邊的銷售成績——發現試吃二十四種果醬的銷售成績比較差。一般認為選項越多越好，但有些人會因為選擇太多而遲遲無法決定——這在行動經濟學裡稱為「選項超載」或「選擇困難」。所以當你想買卡牌，如果種類太多，很可能最後就是一張都不會買。

我之所以不結婚，
是因為接近我的
男人太多了。
嗯，
就當做
是因為這樣吧。

延伸知識

有心理學家研究「最容易選擇的數量」，有人認為是「5～7」、有人認為是「3～5」，一直到現在都還沒有定論。

大人也不知道的不可思議現象

45

遊樂園和購物中心的小丑感覺有點可怕

為什麼呢？

這稱為——

小丑恐懼症

小丑原本是由大人裝扮來取悅小朋友的角色。然而近年許多影劇作品將小丑視為「恐怖」的象徵，因此有越來越多人害怕小丑——這稱為「小丑恐懼症」。小丑的臉很白、表情很固定，「看起來像是人但又不是人」，這其實會讓人感到恐懼，就像許多日本人之所以害怕人偶，也是相同的道理。

延伸知識

「小丑」一般都會將臉塗白並畫上淚痕，這象徵著「小丑雖然會取悅觀眾，但小丑內心其實很悲傷」。

大人也不知道的不可思議現象

46

平時拿到獎勵的零用錢會很珍惜，但拿到過年的紅包一下子就花掉了

為什麼呢？

這稱為——

「心理帳戶」或「心理會計」

因為幫爸爸媽媽做家事得到一百元，和過年領壓歲錢得到一百元，我們會覺得努力付出獲得的金錢比較重要。這在行動經濟學裡稱為「心裡帳戶」或「心理會計」。明明金額相同，但在我們心中的「價值」卻有所區別。為什麼人會這麼想呢？這是因為先將金錢分類為「可以使用」、「要存下來」，大腦比較容易處理資訊。

延伸知識

在日本有句話說：「『快錢』來得快，去得也快。」「快錢」是指「輕輕鬆鬆獲得的金錢」，這種錢特別容易亂花。

一起猜猜看④

從名稱猜猜看，這是在說什麼樣的現象呢？

Q7

艾默特法則

提示

凝視自己的影子再去看天空，會發現……

A 影子彷彿出現在天空中！

晴天時凝視自己的影子再抬頭看天空，會發現影子出現在天空中。許多日本人是透過國語教科書中的故事——《小小的影子遊戲》（阿萬紀美子著）知道這種現象的。

Q8

水鍾效應

提示

和水有關的現象

A 關上水龍頭會出現「叩叩」聲的現象

將水龍頭全開後再迅速關上，水管會出現「叩叩」聲。這有可能會造成漏水、水管破裂等情況，因此關水龍頭時的動作可以放慢一點。

第5章

與身體有關的不可思議現象

大人也不知道的不可思議現象

47

感冒時喝蔬果汁會覺得自己好多了

為什麼呢？

這稱為——

安慰劑效應

儘管沒有實際藥效，但只要有人說「這個很有用」，就可能發揮很好的效果——這稱為「安慰劑效應」。因為相信，而達到原本不應該具備的效果。相反的，明明有藥效卻打從心底覺得「這個一定沒用」，就會出現「反安慰劑效果」。由此可知，關鍵在於「相信」哦。

延伸知識

有些公司會以「安慰劑效應」來製作假藥。因為不是真藥，可以用「食品」的名義販售。

大人也不知道的不可思議現象

48

短距離跑得很快，但長距離就會變慢

為什麼呢？

這稱為——

快肌纖維發達

肌肉可以分為「快肌纖維」與「慢肌纖維」。「快肌纖維」在短跑等項目時可以發揮短時間的爆發力；「慢肌纖維」在長跑等項目可以發揮長時間的耐力——這兩種肌肉纖維的比例，在出生時就已經決定了，無法透過訓練大幅變更（不過還是可以鍛鍊）。如果你短距離跑得很快，表示你的快肌纖維很發達。

延伸知識

快肌纖維看起來白白的，所以稱為「白肌」；慢肌纖維看起來比較紅，所以稱為「紅肌」。居中的則稱為「粉紅肌」。

大人也不知道的不可思議現象

49

失眠時安靜的躺著，會聽見一種很特別的聲音

為什麼呢？

這稱為——

耳聲傳射

耳朵裡接收聲音的細胞稱為「耳蝸外毛細胞」，這些細胞會像跳舞般晃動，因此在日文中也稱為「跳舞細胞」。我們在安靜時聽到的聲音，其實是這些細胞晃動的聲音。有聲音時，我們耳中的感覺器官會晃動。聲音越小、晃動的幅度越小，有可能無法成功捕捉。「耳蝸外毛細胞」能使微小的晃動放大，進而傳射到大腦。所以當我們在安靜的房間裡，就會聽見這些細胞晃動的聲音。

延伸知識

據說「耳蝸外毛細胞」一秒鐘可以晃動兩萬次，這是由於這些細胞具有名為「prestin」（SLC26A5）的運動蛋白，因此可以快速晃動。

大人也不知道的不可思議現象

50

拿紅筆寫「藍色」時，會突然不知道自己正在用什麼顏色的筆寫字

為什麼呢？

這稱為——

斯特普魯效應

當我們拿紅筆寫「藍色」時，有人在一旁問說：「這是什麼顏色？」我們會答錯，說成「藍色」，或需要一些時間思考才能答對「紅色」。這種現象是由美國心理學家約翰．斯特普魯（John Ridley Stroop）發現的，因此稱為「斯特普魯效應」。起因為人們寫字時，大腦會自動理解字面的意思。如果要忽略字面的意思而只辨別它的顏色，對大腦來說並不容易。

〈問題〉 這是什麼顏色？

藍（blue）

〈答案〉紅色

〈問題〉 這是什麼字？

紅（red）

〈答案〉紅

延伸知識

請大家試著把上面這些文字讀出來看看，是不是也覺得有些費力，需要花比較多時間思考呢？這稱為「反斯特普魯效應」。

大人也不知道的不可思議現象

51

一口氣吃太多冰會覺得頭很痛

為什麼呢？

這稱為——

「冰淇淋頭痛」

「冰淇淋頭痛」（又稱「大腦凍結」）聽起來很像在騙人，但真的會出現在醫學書籍裡。關於起因，目前有兩種說法：①突然將冰冷的食物放進口中，腦部血管會急遽擴張，設法使喉嚨後方變得暖和。這樣一來，會造成短暫的發炎。②嘴巴或喉嚨負責傳達刺激的神經節，在突然受到冰冷的刺激時會陷入混亂，將冰冷判斷成疼痛……無論如何，只要慢慢吃就不會頭痛。

延伸知識

發生「冰淇淋頭痛」或「大腦凍結」時，只要將冰袋放在額頭上就可以止痛。 如果沒有冰袋，可以用冰涼的罐裝飲料或寶特瓶飲料試試看。

大人也不知道的不可思議現象

52

一直盯著電動畫面再看遠方，會覺得看不清楚

為什麼呢？

這稱為——

電腦視覺症候群

在長時間盯著電腦或平板的畫面後，望向遠方會覺得風景不太清楚——這稱為「電腦視覺症候群」，起因為眼睛的肌肉變得僵硬而無法因應迅速的動作。在看近距離的物體時，會大量使用眼睛的肌肉。長時間使用，會使眼睛的肌肉感到疲倦，甚至影響視力。所以打電動時，一定要常常讓眼睛休息哦。

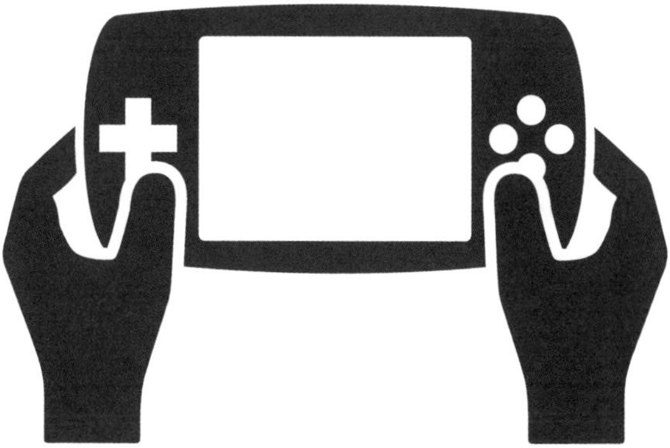

延伸知識

我們不能等到出現「電腦視覺症候群」，才讓眼睛休息，應該要事前設定標準，比如說「用眼一小時就休息十分鐘」，好好的維護眼睛的健康。

大人也不知道的不可思議現象

53

手肘撞到時會覺得又痠又麻

為什麼呢？

這稱為——

好笑骨

在手肘有一塊微微突出的骨頭，靠近這個骨頭的皮膚下方有一條很粗的神經稱為「尺神經」。由於這條神經沒有骨頭與肌肉保護，一旦撞到就會直接將刺激傳送出去，產生如觸電般又痠又麻的感覺。這種現象在英文與日文裡稱為「好笑骨」（funny bone），是不是很有趣呢？

延伸知識

「好笑骨」那種又痠又麻的感覺，起因為神經麻痺。當我們盤腿而坐，雙腿也會覺得又痠又麻，這是基於相同的現象。是不是真的很像觸電呢？

大人也不知道的不可思議現象

54

快睡著時身體會抖一下，讓人清醒過來

為什麼呢？

這稱為——

入睡抽動

當我們很睏卻一直忍著不睡，在即將入睡時手腳的肌肉會抽動，而使我們清醒過來——這稱為「入睡抽動」。這種現象容易出現在睡姿不好或過度疲倦時，大腦分不清夢境與現實，而對身體下達錯誤的指令，導致身體抽動。

延伸知識

「入睡抽動」也稱為「臨睡肌抽躍」。當我們夢到自己從高處落下發生抽動，也是起因於這種現象。

大人也不知道的不可思議現象

55

牙齒咬到錫箔紙會感覺很像觸電

為什麼呢？

這稱為——

賈法尼電流

因為蛀牙而使用金屬材料補牙的人，在咬到錫箔紙時會因為兩種不同的金屬摩擦，而產生微弱的電流——這稱為「賈法尼電流」。當口中出現「賈法尼電流」，牙齒會覺得疼痛。如果沒有使用金屬材料補牙，就不會出現這種現象。

延伸知識

「賈法尼電流」的原理與電池相同，容易產生氧化物的金屬隔著唾液（電解質溶液）接觸到不容易產生氧化物的金屬時，就會形成電極而產生電流。

大人也不知道的不可思議現象

56

鼻塞時，左邊鼻子一通，就換右邊鼻子塞住

為什麼呢？

這稱為——

鼻循環

呼吸正常時，鼻子左右兩邊的黏膜會左右輪流膨脹與收縮，也就是輪流工作與休息——這稱為「鼻循環」。透過讓鼻子左右兩邊輪流休息，可以節省呼吸消耗的能量、保持嗅覺敏銳，以及避免病毒與細菌入侵。單邊鼻塞時，請當作鼻子在休息吧。

你猜我的鼻子現在是
哪邊塞住？
左邊還是右邊？
我哪知道。

延伸知識

魚有四個鼻孔。人類的祖先在水裡生活時，也有四個鼻孔，現在其中兩個已經退化成「淚點」。當我們哭泣時會流鼻水，就是因為淚點與鼻孔相通。

文★KOKOROSHA

出生於大阪。自東京大學文學系畢業後，成為平凡的上班族，一邊工作、一邊撰寫部落格與書籍介紹冷知識。目前著有《負面思考講座》、《只要讀了這本書，就可以交到女朋友》（暫譯，以上由CCC Media House出版）、《真正的耐力養成訓練——寫給無法忍耐的你》（暫譯，由技術評論社出版）等。最喜歡的小狗品種是約客夏。

圖★吉竹伸介

一九七三年出生於神奈川縣。繪本作家、插畫家，筑波大學大學院藝術研究科綜合造型課程修畢。活躍於書籍插畫、裝幀、插畫小說等各個領域，著有《這是蘋果嗎？或許是喔》、《脫不下來啊！》、《什麼都有書店》、《胡思亂想很有用》（以上中文版由三采出版）。

大人也不知道的 不可思議現象大集合

文／KOKOROSHA
編／不可思議現象研究會
圖／吉竹伸介
譯／賴庭筠
美術設計／蕭雅慧
校對／歐秉瑾
企劃主編／周彥彤
叢書編輯／戴岑翰
副總編輯／陳逸華
總編輯／涂豐恩
總經理／陳芝宇
社長／羅國俊
發行人／林載爵
聯經出版事業股份有限公司
地址／新北市汐止區大同路一段 369 號 1 樓
電話／02-8692-5588 轉 5312
聯經網址／www.linkingbooks.com.tw
電子信箱／linking@udngroup.com
印刷／文聯彩色製版印刷公司印製
初版／2024 年 6 月　定價／350 元
書號／1100783　ISBN／978-957-08-7367-2

行政院新聞局出版事業登記證局版臺業字第 0130 號
本書如有缺頁，破損，倒裝請寄回臺北聯經書房更換。

國家圖書館出版品預行編目資料

大人也不知道的不可思議現象大集合/不可思議現象研究會編．吉竹伸介繪．賴庭筠譯．初版．新北市．聯經．2024年6月．128面．13×18.8公分
譯自：大人も知らない?ふしぎ現象事典
ISBN　978-957-08-7367-2（平裝）
1.CST：科學　2.CST：通俗作品

307.9　　113005334